GEORGES LEMAÎTRE

De oerknaltheorie en de oorsprong van ons heelal

50MINUTES.com

GEORGES LEMAÎTRE

De oerknaltheorie en de oorsprong van ons heelal

geschreven door Pauline Landa
vertaald door Nikki Claes

50MINUTES.com

GEORGES LEMAÎTRE

BELANGRIJKE INFORMATIE

- **Geboren:** 17 juli 1894 in Charleroi, België
- **Overleden:** 20 juni 1966 in Leuven, België
- **Belangrijkste verwezenlijkingen:** diverse theorieën die vooruitgang mogelijk maakten in het onderzoek naar het heelal en zijn oorsprong, zoals die over de uitdijing van het heelal (1927) en het oeratoom (1931)
- **Impact van zijn onderzoek:** de oerknaltheorie is nu algemeen aanvaard en heeft geleid tot het ontstaan van een nieuw onderzoeksgebied: de moderne kosmologie

INLEIDING

De mens heeft altijd getracht de wereld en, bij uitbreiding, het hem omringende universum te begrijpen. Door de eeuwen heen zijn er verschillende theorieën ontstaan, afhankelijk van de gewoonten van elke periode, en zijn er opvattingen over het heelal ontstaan die niet altijd in overeenstemming waren met de religieuze en politieke autoriteiten. Niemand had in de tijd van Galileo (Italiaans astronoom en natuurkundige, 1564 - 1642), die door de kerk werd veroordeeld vanwege zijn geschriften over het heliocentrisme, gedacht dat een Belgische priester, Georges Lemaître, verantwoordelijk zou zijn voor de oerknaltheorie, die nog steeds algemeen aanvaard is.

Zijn "hypothese van het oeratoom", voorgesteld in 1931, dateert het ontstaan van het heelal op 13,7 miljard jaar geleden. Lemaître theoretiseerde dat het heelal toen werd samengeperst tot één atoom - een deel van de theorie dat nu is weerlegd - dat door een kosmische schok in een groot aantal elektronen, fotonen, ... kon uiteenvallen waardoor het universum ontstond zoals wij dat nu kennen. Lemaître was een pionier op dit gebied, vooral omdat de andere wetenschappers van zijn tijd ervan overtuigd waren dat het heelal altijd al had bestaan en dat het dus zinloos was te proberen het begin ervan te vinden. Na de publicatie van zijn onderzoek werden zij echter allemaal gedwongen hun standpunt te herzien en deze nieuwe theorie te aanvaarden, die de kosmologie en de natuurkunde in de 20ste en 21ste eeuw diepgaand zou beïnvloeden.

CONTEXT

EEN UNIEK MODEL VOOR HET UNIVERSUM?

Het is onmogelijk over Georges Lemaître te spreken zonder eerst een van de grootste wetenschappers van de 20ste eeuw te noemen, Albert Einstein (1879 - 1955). Het was met name dankzij zijn algemene relativiteitstheorie (1915) dat Lemaître zijn hypothese over het oeratoom zou ontwikkelen. Vóór de "alles is relatief"-periode hadden wetenschappers zich sinds de Oudheid toegelegd op pogingen om de wereld om hen heen te begrijpen door een model van het universum voor te stellen dat deze kon verklaren.

Met Aristoteles (Grieks filosoof, 384 - 322 v.C.) en Ptolemaeus (Grieks astronoom, circa 100 - 170 n.C.) was het heersende model het geocentrische model, dat beweerde dat de aarde zich in het centrum van het heelal bevond. Dit model zou standhouden tot de 16de eeuw. In die tijd werd het model in twijfel getrokken door wetenschappers als Giordano Bruno (Italiaans filosoof, 1548 - 1600) en Galileo ten gunste van het heliocentrisme, wat leidde tot een confrontatie met de religieuze autoriteiten. De eerste werd op de brandstapel gelegd, de tweede door de kerk veroordeeld. Hun ideeën circuleerden echter verder in de wetenschappelijke gemeenschap en vormden regelmatig aanleiding tot discussie.

Uiteindelijk was het Albert Einstein, bijna drie eeuwen later, die onderzoekers bevrijdde van deze zoektocht naar een uniek model, omdat het voor hem niet nodig was het ene model boven het andere te verkiezen. In feite was elk model gebaseerd op een coherent referentiekader en was het daarom niet nodig er één te kiezen, omdat het niet meer of minder geldig zou zijn dan een ander. Volgens hem kon geen enkel model het hele universum omvatten.

In 1927 werkte Lemaître, die zeer geïnteresseerd was in deze relativiteitswerken, de berekeningen van Einstein uit in zijn artikel "Een homogeen heelal met constante massa en groeiende straal, rekening houdend met de radiale snelheid van extragalactische nevels" en beschreef een heelal dat uitdijt en waarvan de dichtheid van de materie naar min oneindig neigt naarmate we verder terug in de tijd kijken. Zijn theorie van het uitdijende heelal werd echter niet bijzonder goed ontvangen door de wetenschappers van die tijd, en zelfs Einstein beschreef ze als verschrikkelijk. Pas in 1929, met de Amerikaanse astronoom Edwin Hubble (1889 - 1953) en zijn gelijknamige Wet van Hubble, werd dit idee van uitdijing door de hele wetenschappelijke gemeenschap aanvaard.

HET UNIVERSUM WERD NIET IN ZEVEN DAGEN GESCHAPEN

Terwijl wij tegenwoordig het nut inzien van het dateren van de oorsprong van het heelal, gold dat niet in de tijd van Lemaître. In feite was het aan het begin van de

20ste eeuw nog verboden om in de kosmologie metafysische begrippen te noemen die normaliter door de godsdienst werden gedicteerd, zoals het geheel, de tijd, het begin, ... De grote kosmologen uit die tijd, waaronder Einstein, weigerden te geloven dat er een precies moment was waarop het universum verscheen. Lemaître was dan ook de eerste die het idee van de oorsprong van het heelal noemde nadat hij een artikel had gelezen van Arthur Eddington (Brits astronoom en natuurkundige, 1882 - 1944) over het einde van de wereld.

Uitgaande van de veronderstelling dat er een constante energie is die in quanta (minimale hoeveelheden energie) over het hele universum is verdeeld en dat het aantal quanta altijd toeneemt, moeten we, als we de geschiedenis van het universum beschouwen, een steeds lager aantal quanta kunnen herleiden tot het punt waarop we uitkomen bij een uniek quantum waarin het hele universum was geconcentreerd. Zo kwam men in 1931 tot de hypothese van het oeratoom, een theorie die nog steeds wordt aanvaard en nu bekend staat als de oerknaltheorie.

Wist je dat?

Georges Lemaître heeft de term "oerknal", die is blijven hangen, niet uitgevonden. Het was eigenlijk een van zijn critici, de Britse astronoom Fred Hoyle (1915 - 2001), die deze uitdrukking bedacht. Tijdens een interview op de BBC-radio in 1950 gebruikte hij ironisch genoeg de woorden "big bang" om Lemaître's hypothese van het oeratoom te beschrijven en deze term, die toegankelijker is voor het grote publiek, is met de theorie geassocieerd gebleven.

HET LEVEN VAN LEMAÎTRE

GROTE BELANGSTELLING VOOR WETENSCHAP

Georges Lemaître werd op 17 juli 1894 in het Belgische Charleroi geboren in een katholieke familie uit de middenklasse. Hij was het oudste kind van Joseph Lemaître, een academicus en directeur van een glas- en marmerfabriek, en Marguerite Lannoy, de dochter van een brouwer. Geen enkel aspect van zijn familiale omgeving maakte hem geschikt om toe te treden tot de geestelijkheid of om zijn leven te wijden aan de wiskunde en de fysica.

Hij kreeg zijn opleiding op een christelijke school in de stad, samen met zijn broers. In 1904 begon hij klassiek te studeren aan het Jezuïetencollege van Sacré-Coeur, waar hij voor het eerst de mogelijkheid zag om geloof en wetenschap met elkaar te verzoenen. Al vroeg blonk hij uit in wiskunde, natuurkunde en scheikunde. Toen hij nog maar negen jaar oud was, had hij al besloten dat hij zijn leven zowel aan de wetenschap als aan God wou wijden. In 1910 verhuisde zijn familie naar Brussel en Lemaître zette zijn studie voort aan het Collège Saint-Michel, waar hij voorbereidende cursussen volgde voor verdere studies. Op verzoek van zijn vader slaagde hij voor het toelatingsexamen om ingenieur te worden en besloot hij het priesterschap voor later te bewaren.

EEN INTELLECTUEEL EN SPIRITUEEL PAD

Op 17-jarige leeftijd begon Lemaître ingenieursstudies aan de Katholieke Universiteit van Leuven, maar die werden onderbroken door de Eerste Wereldoorlog (1914 - 1918). Kort na het begin van de oorlog sloot hij zich als vrijwilliger aan bij de artillerie. Voor zijn inzet tijdens de Slag aan de IJzer ontving hij het Belgische Oorlogskruis. Deze uitdagende ervaring zou zijn behoefte om zijn religieuze en wetenschappelijke roeping met elkaar te verzoenen nog versterken.

In de herfst van 1919 keerde hij terug naar de universiteit en gaf zijn studie techniek op om een nieuw vak te kiezen: natuur- en wiskunde. In 1920 behaalde hij zijn doctoraat in de wiskunde en zijn bachelor in de thomistische filosofie (d.w.z. de filosofie geïnspireerd door de werken van Thomas van Aquino). In hetzelfde jaar keerde hij terug naar het seminarie van Mechelen. Gefascineerd door de relativiteitstheorie van Einstein, die in België echter nog niet op grote schaal was bestudeerd, bereidde Lemaître een proefschrift voor over relativiteit en gravitatie met als doel een reisbeurs te winnen. Drie jaar later werd hij tot priester gewijd en kreeg hij van de Belgische regering een beurs om in het buitenland te studeren.

VORMENDE REIZEN

De jonge priester vertrok naar Cambridge in Engeland waar hij astronomie studeerde bij de beroemde astrofysicus Arthur Stanley Eddington, die hij zeer bewonderde. Vervolgens stak hij de Atlantische Oceaan over en ging hij werken bij Harlow Shapley (Amerikaans astrofysicus, 1885 - 1972) aan nevels (zwakke, statische interstellaire wolken). Ten slotte ging hij naar het Massachusetts Institute of Technology (MIT) om een proefschrift te schrijven over zwaartekrachtvelden in vloeistoffen in de algemene relativiteit.

Tijdens zijn studies had Lemaître het geluk deel uit te maken van een zeer actieve intellectuele omgeving en vele sleutelfiguren uit de hedendaagse fysica te ontmoeten. Toen hij in de zomer van 1925 naar België terugkeerde, werd hij docent aan de wetenschappelijke faculteit van de Katholieke Universiteit Leuven, maar hij bleef regelmatig naar Engeland en de Verenigde Staten gaan om deel te nemen aan conferenties of om aan zijn academische projecten te werken. In 1927 aanvaardde het MIT zijn proefschrift en verleende hem een doctoraat in de fysica. De universiteit van Leuven benoemde hem in hetzelfde jaar tot hoogleraar, een functie die hij tot 1964 zou bekleden.

EÉN MAN, TWEE ROEPINGEN

Zijn leven lang heeft Lemaître zich gewijd aan het katholieke geloof en aan de wetenschap. Deze twee roepingen lijken misschien onverenigbaar, maar voor hem was het volkomen mogelijk onderzoek te doen naar het begin van het heelal zonder zijn katholieke geloof in twijfel te trekken. Terwijl zijn hypothese van het oeratoom het begin van de uitdijing van het heelal probeerde te verklaren, moest de kosmologie ruimte laten voor de religie om de schepping van de wereld te verklaren. Voor hem waren het twee waarheden die los van elkaar stonden. Zijn gezamenlijke wetenschappelijke en religieuze opvoeding zou echter leiden tot argwaan en afwijzing van een deel van de wetenschappelijke gemeenschap. Niettemin kon niemand de kwaliteit van zijn onderzoek of zijn streven naar de "dubbele opvatting" van de waarheid betwisten, waarin religie en wetenschap gescheiden waren en gericht op verschillende begripsniveaus: zo maakte hij onderscheid tussen oorsprong, dat een natuurkundig begrip is, en schepping, dat een filosofisch begrip is.

Lemaître, een ongelooflijk begaafd wiskundige, moest de theorie altijd ondersteunen met waarnemingen. Hij was dus niet tevreden met het opstellen van geldige hypothesen, maar verifieerde de basis ervan door middel van experimenten. Deze karaktertrek was iets wat hem onderscheidde van de andere wetenschappers van zijn tijd en waardoor hij belangrijke vooruitgang kon boeken in zijn onderzoek.

Lemaître stierf aan leukemie op 20 juni 1966 in Leuven, nadat hij enkele dagen eerder had vernomen dat de waarneming van kosmische achtergrondstraling zojuist met zekerheid had bevestigd dat het heelal was begonnen met een explosie, wat hij 30 jaar eerder al in zijn theorie had verondersteld.

DE THEORIEËN VAN LEMAÎTRE

DE BIJDRAGEN VAN EINSTEIN EN FRIEDMANN

Hoewel Lemaître de onbetwiste vader is van de oerknaltheorie, hebben ook twee andere wetenschappers een sleutelrol gespeeld in de ontwikkeling van deze theorie, die een revolutie teweeg heeft gebracht in de moderne kosmologie. Het onderzoek van Lemaître vond namelijk plaats in een zeer precieze wetenschappelijke context.

Einstein was de eerste die het pad effende met zijn algemene relativiteitstheorie (1915), een nieuwe theorie over gravitatie. Volgens zijn theorie zijn het de zwaartekrachten tussen objecten die het universum zijn structuur geven. Einstein schreef ook de vergelijkingen voor de fysische en geometrische eigenschappen van het heelal, die hij als statisch beschouwde (wat betekent dat de totale omvang van het heelal niet verandert in de tijd). Met deze vergelijkingen kon worden bepaald hoe de ruimte in de tijd verandert, op basis van de hoeveelheid materie en energie die erin verandert.

De Russische natuurkundige en wiskundige Alexander Friedmann (1888 - 1925) vond de oplossingen van deze vergelijkingen die de variatie van de ruimte in de tijd beschreven. Hij theoretiseerde dat het mogelijk was dat het heelal uit een singulariteit is ontstaan en dat er bijgevolg uiteindelijk een einde aan het heelal zou komen. Friedmann schatte ook de leeftijd van het heelal op 10 miljard jaar. In de jaren twintig van de vorige eeuw kwamen de geaccepteerde wetenschappelijke schattingen echter niet verder dan een miljard.

Nadat hij tijdens zijn studie in Cambridge in aanraking was gekomen met de theorieën van Einstein, raakte Lemaître ook geïnteresseerd in de vergelijkingen van de Duitse natuurkundige en leverde hij zijn bijdrage aan de nieuwe kosmologie die in opkomst was en bekend stond als de relativistische kosmologie.

Wist je dat?

Lemaître was niet de enige die het idee van de uitdijing van het heelal overwoog. In 1922 en 1924 publiceerde Friedmann twee proefschriften waarin hij zijn hypothese van uitdijing naar voren bracht. Maar zijn geschriften kregen onvoldoende bekendheid. Lemaître kreeg pas in 1927 toegang tot deze artikelen, op hetzelfde moment dat hij zijn eigen theorie over de uitdijing van het heelal publiceerde. We kunnen dus stellen dat beide wetenschappers onafhankelijk van elkaar tot het idee van uitdijing zijn gekomen.

De theorie van de uitdijing van het heelal (1927)

De Belgische onderzoeker slaagde erin, onafhankelijk van Friedmann, de door Einstein voorgestelde vergelijkingen op te lossen en vond niet-statische kosmologische oplossingen. Aan de kosmologische constante in Einsteins vergelijking schreef hij een kosmische afstotingskracht toe die deeltjes in het heelal dwingt zich in de loop van de tijd te scheiden. Hij had ook het lef om rekening te houden met waarnemingen die destijds door Amerikanen waren gedaan over de snelheid van nevels, die aantoonden dat het heelal werkelijk uitdijde.

Zo publiceerde Lemaître in 1927 zijn sleutelartikel "Een homogeen heelal met constante massa en groeiende straal dat de radiale snelheid van extragalactische nevels verklaart". Deze weinig inspirerende titel (althans voor niet-experts) gaf aan dat hij een verband had gelegd tussen de uitdijing van het heelal en waarnemingen aan de snelheid van nevels. In het artikel beschreef Lemaître een uitdijend heelal dat, ver genoeg terug in de tijd, leek op het statische heelal van Einstein. Aangezien deze theorie gebaseerd was op waarnemingen, werd zij gepresenteerd als de oplossing voor de vergelijkingen van Einstein. Lemaître's artikel was echter niet zo succesvol als het had moeten zijn, want Einstein zelf was niet overtuigd van zijn theorie. Pas in 1930 begreep Eddington de betekenis van het werk van zijn voormalige leerling. Bovendien is het aan hem te danken dat het idee van een uitdijend heelal gemeengoed werd.

DE HYPOTHESE VAN HET OERATOOM (1931)

In het verlengde van het idee van een uitdijend heelal opperde Lemaître het idee dat het heelal in het begin veel dichter moet zijn geweest. Aangezien het heelal simpelweg uitdijt in de tijd, moet het heelal, als we ver genoeg teruggaan, steeds minder uitgestrekt zijn geweest: dit bracht hem ertoe na te denken over de oorsprong van het heelal. Volgens hem moet de uitdijing van het heelal zijn begonnen vanuit één enkele begintoestand, die van het oeratoom. In zijn artikel "Expansie van het heelal", gepubliceerd in 1931, werkte hij dit idee uit, opnieuw gebaseerd op waarnemingen.

Hij geloofde dat alleen al het bestaan van nevels betekende dat het heelal eerder krimpprocessen had ondergaan. Twee tegengestelde kosmische krachten lagen dus ten grondslag aan het ontstaan van de wereld: de gravitatie, die aantrekt, en de kosmologische constante, die afstoot. Hij opperde dat de evolutie van het heelal in drie fasen verloopt:

- De eerste bestond uit een snelle, explosieve expansie na het uiteenvallen van het oeratoom.
- De tweede was een periode van vertraging waarin de dichtheid van de materie en de kosmologische constante in evenwicht raakten. Tijdens deze fase ontstonden de grote structuren van het heelal, zoals de sterren, sterrenstelsels en clusters.
- Deze formaties zullen het evenwicht verstoren en leiden tot de laatste fase, een tweede snelle expansie.

Deze hypothese van het oeratoom bevredigde noch Einstein, noch Eddington, want voor hen was spreken over de oorsprong van het heelal ondenkbaar omdat het statisch was. Lemaître zou deze vooraanstaande wetenschappers moeten overtuigen. Met behulp van de meest recente ontwikkelingen in de kwantummechanica besloot de Belgische priester de oorsprong van het heelal te verklaren aan de hand van de kwantumtheorie. Hij concentreerde zich op de twee principes van de thermodynamica (een tak van de natuurkunde die betrekking heeft op de systemen waarin variaties optreden in de hoeveelheid warmte in de tijd):

- energie bestaat in afzonderlijke quanta en de totale hoeveelheid energie blijft constant
- het aantal kwanta neemt voortdurend toe

Als we teruggaan in de tijd, vinden we dus minder quanta, die toch alle energie in het universum bevatten, en komen we uiteindelijk uit bij één quantum met een extreem geconcentreerde hoeveelheid energie, het oeratoom. Het vernieuwende idee van Lemaître was om het oneindig grote (het universum) te verbinden met het oneindig kleine (het atoom).

Hoewel het idee van Lemaître, die de uitdijing van het heelal wil verklaren als het gevolg van een initiële explosie, nog steeds algemeen aanvaard is, wordt zijn theorie dat het hele heelal oorspronkelijk in één enkel atoom zat dat uiteenviel, nu in twijfel getrokken. Fysici neigen nu meer naar een soort wolk van elementaire deeltjes (quarks en leptonen) die geleidelijk condenseerden, waarbij energie vrijkwam en het universum zijn oorspronkelijke momentum kreeg. Zij erkennen het bestaan van de kosmische microgolfachtergrond, een spoor van de initiële explosie, maar menen dat deze afkomstig is van een elektromagnetische golf en niet, zoals Lemaître dacht, van een spoor van deeltjes voortgestuwd door het uiteenvallen van het initiële atoom.

DE REST VAN ZIJN WERK

Na de publicatie van zijn twee theorieën, die samen zouden vormen wat nu algemeen wordt aangeduid als de oerknaltheorie, zette Lemaître zijn kosmologische onderzoek voort. Verschillende van zijn schattingen werden later door wetenschappers bevestigd. Hij theoretiseerde over zwarte gaten en vacuümenergie en formuleerde de hypothese dat het universum extra dimensies heeft.

Na de Tweede Wereldoorlog (1939 - 1945) trok Lemaître zich geleidelijk terug uit het internationale onderzoek door zijn reizen te beperken. Hij gaf ook zijn onderzoek naar kosmologie op voor een ander domein waar hij bijzonder dol op was en talent voor had: numerieke analyse.

Ondanks het belang van zijn andere werken, blijft hij vooral bekend als grondlegger van deze relativistische kosmologie, die gekenmerkt wordt door drie hoofdprincipes:

- het universum dijt uit
- het universum had een begin
- de kwantumfysica (de wetenschap van het oneindig kleine) en de astronomie (de wetenschap van het oneindig grote) zijn met elkaar verbonden in het begrip van het heelal

Wist je dat?

Hoewel zijn bijdrage aan de relativistische kosmologie vandaag de dag niet meer kan worden betwist, werd Lemaître jarenlang over het hoofd gezien. Veel wetenschappelijke encyclopedieën vermelden de naam van de priester niet eens, of bagatelliseren de impact van zijn werk. Zijn aanvankelijke studies in de wiskunde en zijn religieuze verplichtingen werkten misschien niet in zijn voordeel.

DE CHRONOLOGIE VAN DE OERKNAL

Sinds Lemaître zijn artikelen schreef, hebben wetenschappers zijn opvatting over de oerknaltheorie herzien en gecorrigeerd. De huidige stand van kennis over de oorsprong van het heelal is als volgt.

Het heelal begon 13,7 miljard jaar geleden in een extreem hete omgeving, rond 1032 Kelvin (ongeveer 758 °C). Het heelal bestond toen alleen uit fotonen, elementaire deeltjes en hun antideeltjes. Na een eerste kosmische schok - de beroemde oerknal - vielen de deeltjes en antideeltjes uiteen waardoor een klein overschot aan materie overbleef dat zou leiden tot het ontstaan van het heelal. In de eerste drie minuten vormden zich protonen en neutronen dankzij de aanwezigheid van quarks (elementaire deeltjes). Het zou 380 000 jaar duren voordat het heelal weer afkoelde. Toen kwam er licht vrij uit de materie door wat wetenschappers kosmische microgolven noemen. Sterrenstelsels vormden zich na gravitationele instortingen van stofwolken. Uiteindelijk werden sterren geboren, omringd door planeten.

Wist je dat?

Deze kosmische microgolven kunnen vandaag de dag nog steeds worden waargenomen als achtergrondstraling en vormen een overblijfsel van het begin van het heelal. De Amerikaanse natuurkundigen Robert Wilson (1936 - 2002) en Arno Penzias (geboren in 1933) waren in 1965 de eersten die deze kosmische microgolfachtergrond waarnamen. Deze ontdekking was even gelukkig als toevallig: de natuurkundigen waren eigenlijk bezig met het maken van een nieuw type telefoonantenne. Hun bevindingen zorgden ervoor dat critici van de oerknaltheorie van gedachten veranderden en de theorie steunden.

Na Georges Lemaître vonden natuurkundigen vergelijkingen waarmee ze het heelal konden beschrijven, slechts 10 à 43 seconden nadat het begon. De periode tussen de hypothetische 'tijd nul' en 10 à 43 seconden later wordt het Planck-tijdperk genoemd, als eerbetoon aan Max Planck (Duitse natuurkundige, 1858 - 1947), en kan niet worden verklaard door de huidige theorieën omdat de begrippen ruimte en tijd nog niet zijn gedefinieerd. We weten niets over die tijd.

IMPACT

ONTVANGST IN DE WETENSCHAPPELIJKE GEMEENSCHAP: TUSSEN CONTINUÏTEIT EN KRITIEK

De oerknaltheorie verscheen in een tijd van kosmologische crisis in de wetenschappelijke gemeenschap wat betreft de voorstelling van de ruimte. De bevindingen van Lemaître, geholpen door relativistische wetenschappers, gaven aanleiding tot wat praktisch een wetenschappelijke revolutie was - een die niettemin enige kritiek zou uitlokken - omdat zij een geheel nieuwe manier boden om het heelal op te vatten.

Zelfs Lemaître's leidende autoriteiten, Einstein en Eddington, hadden twijfels over zijn expansietheorie. Einstein had 10 jaar nodig om het idee van een evoluerend heelal te aanvaarden, maar hij zou de hypothese van het oeratoom nooit aanvaarden, omdat de Belgische priester zich volgens hem had laten inspireren door het Bijbelse scheppingsverhaal, wat onaanvaardbaar was voor een wetenschappelijke theorie. In de jaren veertig werd de theorie zelfs in diskrediet gebracht omdat ze door geen enkele waarneming was bevestigd. Bij gebrek aan bewijs zou zij concurrentie ondervinden van twee nieuwe theorieën: de heropleving van de newtoniaanse kosmologie en de stationaire theorie.

Het duurde 30 jaar voordat de meerderheid van de wetenschappelijke gemeenschap Lemaître's bijdragen aan de moderne kosmologie erkende. Het was met name dankzij George Gamow (Russisch-Amerikaanse natuurkundige, 1904 - 1968) dat de oerknaltheorie bekend werd. Hij was een productief auteur en zeer geïnteresseerd in astronomie, met name in de evolutie van sterren. In een in 1948 geschreven tekst ontwikkelde hij het model van het heelal waarin het werd gedomineerd door hitte en straling. Gamow was het eens met de beweringen van Lemaître over de extreem dichte oorsprong van het heelal en voegde eraan toe dat het in die periode ook extreem heet was. Het begrip temperatuur maakte het mogelijk een belangrijk verband te leggen tussen kosmologie en hoogenergetische deeltjesfysica. Hij stelde dat alle elementen in het heelal ontstonden tijdens de eerste, zeer hete fasen van de uitdijing van het heelal. Met de hulp van zijn medewerkers berekende Gamow dat in een later tijdperk, waarin de temperatuur afkoelde, het heelal transparant werd en er straling vrijkwam die nu nog steeds kan worden waargenomen: de kosmische microgolfachtergrond.

Later konden de volgende generaties wetenschappers, met name dankzij de perfectionering van de astrofysische instrumenten, gegevens vinden die de modellen van Lemaître en Friedmann verifieerden. Sinds februari 2003 kan met de *Wilkinson Microwave Anisotropy Probe* de leeftijd en de energie-inhoud van het heelal met grote precisie worden berekend. Het model van Lemaître kan dus niet meer in twijfel worden getrokken binnen ons huidige kenniskader.

ONTVANGST VAN DE THEORIEËN VAN LEMAÎTRE IN DE WERELD

De jaren dertig waren een tijd van diverse crises na de Grote Depressie (1929) die de Amerikaanse media ertoe zouden aanzetten meer belangstelling te tonen voor kosmologische ontdekkingen, omdat zij deze zagen als een manier om een gedemoraliseerd publiek af te leiden. Zo werd Lemaître beroemd in 1932, toen hij door de pers tegenover Einstein werd geplaatst. Hij zou echter zeer spoedig door het grote publiek worden vergeten en andere wetenschappers zouden ten onrechte worden gecrediteerd voor de prestaties van Lemaître. Hij was echter niet uit op roem en stond bekend om zijn nederigheid in de publieke sfeer.

WAT BLIJFT ER OVER VAN DE OERKNALTHEORIE?

De oerknaltheorie zoals die door Lemaître is bedacht, wordt nog steeds algemeen aanvaard. Zij vormt de basis van onze moderne kosmologie, onze manier om het heelal waar te nemen en te begrijpen. Dankzij hem is het nu mogelijk om wetenschappelijk onderzoek te koppelen aan religieus denken. De oorsprong van de wereld is zo een wetenschappelijke theorie geworden, onafhankelijk van elke religieuze overtuiging.

Hoewel de naam van de theorie tegenwoordig die van de uitvinder ervan heeft vervangen, is Lemaître nog steeds algemeen bekend in de wetenschappelijke gemeenschap. Een asteroïde (1565) draagt zijn naam sinds de ontdekking ervan door een Belgische astrofysicus in 1948 en de Katholieke Universiteit Leuven bracht hem hulde door een auditorium en het instituut voor astronomie en geofysica naar hem te noemen. Meer recent deed het Europees Ruimteagentschap hetzelfde voor zijn laatste *Automated Transfer Vehicle* dat het op 30 juli 2014 de ruimte instuurde.

Wist je dat?

The Big Bang Theory, een beroemde Amerikaanse serie die in 2007 van start ging, toont het leven van vier onderzoeksfysici. De serie speelt zich af in de Verenigde Staten, in Pasadena, de stad waar Lemaître Einstein meerdere malen ontmoette aan het California Institute of Technology.

SAMENVATTING

- Albert Einstein, Alexander Friedmann en Georges Lemaître hebben een nieuwe manier gevonden om het heelal waar te nemen en hebben daarmee een ware wetenschappelijke revolutie ontketend.
- Lemaître was verantwoordelijk voor drie ideeën van de nieuwe of relativistische kosmologie: dat het heelal een begin had, dat het voortdurend uitdijt en dat kwantumfysica (de wetenschap van het oneindig kleine) en astronomie (de wetenschap van het oneindig grote) met elkaar verbonden zijn in het begrip van het heelal.
- De theorie van de uitdijing van het heelal en de hypothese van het oeratoom staan tegenwoordig bekend als de oerknaltheorie.
- Het ontstaan van het heelal zal drie fasen hebben gekend: een explosieve kosmische schok die een snelle expansie mogelijk maakte, gevolgd door een lange periode van afkoeling waarin het heelal blijft uitdijen, gevolgd door een tweede snelle expansie.
- Ondanks kritiek werden de ideeën van Lemaître bevestigd door de ontdekking van de kosmische microgolfachtergrond in 1965, die al door Gamow was voorspeld.

VERDER LEZEN

BIBLIOGRAFIE

Engel, V. (2013). *Le prêtre et le Big Bang*. Parijs: JC Lattès.

Lambert, D. (2016). *Het atoom van het heelal: Het leven en werk van Georges Lemaître*. Krakau: Copernicus Center Press.

Luminet, J.-P. (2004). *L'invention du Big Bang*. Parijs: Seuil.

Robredo, J.-F. (2011). *Les metamorphoses du ciel : de Giordano Bruno à l'Abbé Lemaître*.

Université Catholique de Louvain (z.j.). *Georges Lemaître*. [Online]. [Geraadpleegd op 3 mei 2015]. Beschikbaar op https://www.uclouvain.be/316446.html

AANVULLENDE BRONNEN

Farrell, J. (2006). *Dag zonder gisteren: Lemaître, Einstein en de geboorte van de moderne kosmologie*. New York: Basic Books.

Trasancos, S. (2016). *Deeltjes van het geloof: A Catholic Guide to Navigating Science*. Indiana: Ave Maria Press.

ICONOGRAFISCHE BRONNEN

Portret van Galileo door de schilder Justus Sustermans. Royalty-vrije reproductie foto.

Foto van Lemaître aan de Katholieke Universiteit Leuven. Royalty-vrije reproductie foto.

Portret van Albert Einstein in 1947. Royalty-vrije reproductie foto.

Portret van Alexander Friedmann. Royalty-vrije reproductie foto.

Foto van Max Planck, genomen in 1933. Royalty-vrije reproductie foto.

Artist's impression van de Wilkinson Microwave Anisotropy Probe. Royalty-vrije reproductie foto.

*We horen graag van jou! Laat
een reactie achter op jouw online bibliotheek
en deel je favoriete boeken op social media!*

De uitgever garandeert de betrouwbaarheid van de gepubliceerde informatie, die echter niet onder zijn verantwoordelijkheid valt.

Master ISBN: 9782808063906
Papier ISBN: 9782808064194
Wettelijk depot: D/2022/12603/64

Digitaal ontwerp: Primento,
de digitale partner van uitgevers.